浙江省观赏植物常见病虫害
名录及原色图谱

主　编　汪　霞　陈玉琴
副主编　费伟英
编　委　（以姓氏笔画为序）
　　　　石玉波（嘉兴职业技术学院）
　　　　叶琳琳（嘉兴碧云花园有限公司）
　　　　汪　霞（嘉兴职业技术学院）
　　　　陈玉琴（嘉兴职业技术学院）
　　　　费伟英（嘉兴职业技术学院）
　　　　蔡海燕（嘉兴碧云花园有限公司）

ZHEJIANG UNIVERSITY PRESS
浙江大学出版社

图书在版编目（CIP）数据

浙江省观赏植物常见病虫害名录及原色图谱/汪霞，陈
玉琴主编. —杭州：浙江大学出版社，2016.12（2017.8重印）
　ISBN 978-7-308-16472-6

Ⅰ.①浙…　Ⅱ.①汪…　②陈…　Ⅲ.①观赏植物-病虫
害-浙江-名录②观赏植物-病虫害-浙江-图谱　Ⅳ.①S436.8

中国版本图书馆CIP数据核字（2016）第290649号

浙江省观赏植物常见病虫害名录及原色图谱
汪　霞　陈玉琴　主编

责任编辑　杜玲玲
责任校对　潘晶晶　秦　瑕
封面设计　闰江文化
出版发行　浙江大学出版社
　　　　　　（杭州市天目山路148号　邮政编码　310007）
　　　　　　（网址：http://www.zjupress.com）
排　　版　杭州立飞图文制作有限公司
印　　刷　浙江海虹彩色印务有限公司
开　　本　880mm×1230mm　1/32
印　　张　4.625
字　　数　156千
版 印 次　2016年12月第1版　2017年8月第2次印刷
书　　号　ISBN 978-7-308-16472-6
定　　价　32.00元

前　言

随着城市及其绿化建设的发展，绿化面积不断扩大，观赏植物受病虫为害问题日益突出。且观赏植物病虫害发生有其自身典型特点，如观赏植物种类繁多，种植形式多种多样，结构简单，生态系统比较脆弱；有些观赏植物还会与蔬菜等农作物相连接栽种，除观赏植物本身特有的病虫种类外，还有许多来自农作物上的病虫害，有的终生寄生为害，有的则互相转主为害或越夏、越冬；观赏植物引种调运频繁，是外来有害生物入侵的渠道之一；或者由于连片栽种，过度密植和频繁使用化学农药导致病虫抗性上升，其种群动态发生变化，出现新的重要病虫害，一些过去次要发生的病虫害变为主要发生病虫害，等等。再加上不能准确对病虫害种类加以鉴别判断和进行合理诊断，造成对其防治的延误，产生重大经济损失。因此，及时、准确地识别和鉴定观赏植物上的病虫害种类，并采取安全合理的防治措施，已经成为当务之急。《浙江省观赏植物常见病虫害名录及原色图谱》正是适应这一需求而编写的。

本书在结合前人经验的基础上，收录了编者近30年的工作经历中拍摄的病虫害数码图片约400张，涉及虫害166种和病害115种，全书以图文并茂的形式，介绍了浙江省观赏植物常见病虫害种类、寄主植物、为害虫期、病原物等。对于书中所列病、虫学名，我们尽可能进行核实，订正。为了保证该书的完整性和系统性，我们也向其他植保同行求助，购买或引用了部分典型图片、资料（已列入参考文献，部分未查明的有待后续补充），在此特向他们表示

1

诚挚的感谢！本书编写力求内容科学，文字简练，图片典型，以便读者快捷、准确地识别病虫害种类，帮助其开展后续防治工作。

由于编者水平有限，加上初次尝试编写此类书籍，缺乏经验，书中难免存在各种疏漏、不足甚至错误之处，敬请同行及读者批评指正，以便我们今后修订、改善。

编者

2016 年 7 月

目　录

一、浙江省观赏植物常见害虫名录

食叶害虫

1. 黄刺蛾 *Cnidocampa flavescens* Walker（图 1-1）

主要为害刺槐、紫荆、海棠、紫薇、月季、梅花、三角枫等。以幼虫食叶为害。

2. 褐边绿刺蛾 *Latoia consocia* Walker（图 1-2）

主要为害悬铃木、北美枫香、大叶黄杨、紫荆、樱花、白玉兰、广玉兰、丁香、月季、海棠、火棘、桂花、杜英、牡丹、芍药、珊瑚等。以幼虫食叶为害。

3. 丽绿刺蛾 *Latoia lepida*（Cramer）（图 1-3）

为害北美枫香、紫荆、桂花、珊瑚、茶、油茶、梨、柿、桑、刺槐等。以幼虫食叶为害。

4. 褐刺蛾 *Setora postornata* Hampson（图 1-4）

为害悬铃木、梅花、桂花、樱花、火棘、紫荆、紫薇、木槿等。以幼虫食叶为害。

5. 扁刺蛾 *Thosea sinensis* Walker（图 1-5）

主要为害悬铃木、柳、杨、大叶黄杨、樱花、牡丹、芍药等。以幼虫食叶为害。

6. 大袋蛾 *Cryptothelea formosicola* Strand（图 1-6）

为害法桐、枫杨、柳树、榆树、柏树、槐树、银杏、油茶、茶树、栎树、梨树、枇杷、爬山虎等，以幼虫结护囊食叶为害。

7. 茶袋蛾 *Clania minuscule* Bulter（图 1-7）

为害悬铃木、杨、柳、女贞、榆、构橘、紫荆、石榴、荷花等多种树木、花卉。以幼虫结护囊食叶为害。

8. 白囊袋蛾*Chalioides kondonis* Mats（图 1-8）

为害法桐、樱花、栾树、黄杨、龟甲冬青、紫荆、石榴等，以幼虫结灰白色护囊食叶为害。

9. 小袋蛾（种名未定）（图 1-9）

为害紫荆、石榴等，以幼虫结小护囊食叶为害。

10. 斜纹夜蛾*Prodenia litura* Fabriceus（图 1-10）

寄主广，可为害 99 科 290 多种植物。荷花、睡莲、菊花、香石竹、月季、万寿菊、木芙蓉、扶桑、绣球等观赏植物，马蹄金、细叶结缕草草坪及多种蔬菜均可为害。以幼虫食叶为害。

11. 银纹夜蛾*Argyrogramma aganata* Staudinger（图 1-11）

主要为害菊花、大丽花、翠菊、美人蕉、一串红、海棠、香石竹等多种花卉及豆类、十字花科等蔬菜。以幼虫食叶为害。

12. 葱兰夜蛾*Laphygma* sp.（图 1-12）

为害葱兰、朱顶红、石蒜等植物，以幼虫食叶为害。

13. 淡剑贪夜蛾*Sidemia depravata* Butler（图 1-13）

主要为害狗牙根、高羊茅、黑麦草等禾本科植物的草坪。幼虫食叶为害，严重时连片吃光。

14. 梨剑纹夜蛾*Acronicta rumicis* Linnaeus（图 1-14）

为害桃、梨、月季、金森女贞、鸢尾、荷花等。以幼虫食叶为害。

15. 安纽夜蛾*Ophiusa tirhaca*（Cramer）（图 1-15）

成虫吸食桃、梨、柑橘果汁，幼虫为害石榴等叶片。

16. 黏虫*Leucania separate* Walker（图 1-16）

多食性害虫，可为害禾本科植物、棉花、豆类、蔬菜等 16 科 100 多种植物。以幼虫食叶为害为主。

17. 甜菜夜蛾*Spodoptera exigua* Hiibner（图 1-17）

多食性害虫，可为害十字花科、茄科、葫芦科、豆科、伞形花科、旋花科、百合科、苋科、藜科等多种植物，以幼虫食叶为害。

18. 玫瑰巾夜蛾*Parallelia arctotaenia* Guenee（图 1-18）

为害月季、玫瑰、蔷薇、石榴、柑橘、蓖麻、大丽花、大叶黄杨等。幼虫食叶为害为主。

19. 焰夜蛾*Pyrrhia umbra* Hüfnagel（图 1-19）

幼虫为害泡桐、油菜、大豆等植物的叶片。

20. 黑白秘夜蛾*Aletia radiata* Bremer（图 1-20）

21. 鸟嘴壶夜蛾*Oraesia excavata* Butler（图 1-21）

成虫为害柑橘、枇杷、葡萄、桃、李、柿、番茄等多种果蔬成熟的果实，吸食果实的汁液。幼虫食害寄主植物的叶片。

22. 变色夜蛾*Enmonodia vespertili* Fabricius（图 1-22）

幼虫为害合欢、紫藤、紫薇、兰花、桃和梨等叶片。成虫吸食柑橘等果实的汁液，引起落果。

23. 毛胫夜蛾*Mocis undata* Fabricius（图 1-23）

以幼虫为害柳、大豆、鱼藤等叶片。

24. 臭椿皮蛾*Eligma narcissus*（Cramer）（图 1-24）

主要为害臭椿、香椿、红椿、桃和李等观赏树木。以幼虫食叶为害。

25. 枯叶夜蛾*Adris tyrannus*（Guenee）（图 1-25）

成虫为害梨、柑橘、桃、杏、李、葡萄、柿、枇杷、无花果等果实；幼虫为害木防己、通草、十大功劳等叶片。

26. 苎麻夜蛾*Cocytodes coerulea* Guenee（图 1-26）

幼虫为害苎麻、黄麻、蓖麻、亚麻、大豆、椿等植物的叶片；成虫取食柑橘等果实的汁液。

27. 贫夜蛾 *Simplicia xanthoma*（图 1-27）

28. 夜蛾（图 1-28，种名未定）

29. 旋目夜蛾 *Speiredonia retorta* Linnaeus（图 1-29）

    幼虫取食合欢叶片，成虫吸食柑橘、葡萄、桃、梨、杏等水果的汁液。

30. 中带三角夜蛾 *Chalciope geometrica* Fabricus（图 1-30）

    为害石榴、柑橘等。幼虫食害叶片，成虫吸食果实的汁液。

31. 夜蛾（种名未定）（图 1-31）

32. 夜蛾（种名未定）（图 1-32）

33. 丝棉木金星尺蠖 *Calospilos suspecta* Warren（图 1-33）

    主要为害大叶黄杨、金边大叶黄杨、丝棉木、欧洲卫矛等。以幼虫食叶为害。

34. 大造桥虫 *Ascotis selenaria* Schiffermuller et Denis（图 1-34）

    以幼虫为害唐菖蒲，月季、蔷薇、锦葵、一串红、菊花、万寿菊、萱草等植物的叶片。

35. 樟翠尺蛾 *Thalassodes quadraria* Guenée（图 1-35）

    幼虫主要为害樟树，也为害茶树等植物的叶片。

36. 双目白姬尺蛾 *Problepsis albidior* Warren（图 1-36）

    幼虫为害女贞、小蜡等叶片。

37. 褐线尺蛾 *Timadra extremaria* Walker（图 1-37）

38. 黄尾毒蛾 *Porthesia xanthocampa* Dyar（图 1-38）

    为害桑、多种果树及白杨、垂柳、枫杨、榆、重阳木、珊瑚树、梅花、月季、桃花、海棠等多种观赏植物。以幼虫为害植物的芽、叶为主。

39. **杨毒蛾**_Leuoma candida_ Staudinger（图 1-39）

为害杨、柳，幼虫可将叶片吃光。

40. **舞毒蛾**_Lymantria dispar_ L.（图 1-40）

为害柿、梨、桃、杏、樱桃、板栗、橡、杨、柳、桑、榆、栎、李、山楂、槭、马尾松、油松等 500 多种植物，幼虫食叶为害。

41. **星白雪灯蛾**_Spilosoma menthastri_ Esper（图 1-41）

主要为害菊花、月季和茉莉等。以幼虫食叶为害。

42. **人纹污灯蛾**_Spilarctia subcarnea_ Walker（图 1-42）

为害非洲菊、金盏菊、月季、木槿、蜡梅、菊花、鸢尾等花木。以幼虫食叶为害。

43. **霜天蛾**_Psilogramma menephron_ Cramer（图 1-43）

主要为害女贞、泡桐、丁香、悬铃木、柳、梧桐等。以幼虫食叶为害。

44. **蓝目天蛾**_Smerinthus planus_ Walker（图 1-44）

主要为害杨、柳、梅花、桃花、樱花等。以幼虫食叶为害。

45. **芋双线天蛾**_Theretra oldenlandiae_（Fabricius）（图 1-45）

幼虫为害凤仙花、水芋、葡萄、长春花、地锦、鸡冠花、三色堇、大丽花等多种花卉的叶片。

46. **咖啡透翅天蛾**_Cephonodes hylas_ Linnaeus（图 1-46）

幼虫为害栀子等植物叶片。

47. **豆天蛾**_Clanis bilineata tsingtauica_ Mel（图 1-47）

主要为害大豆、绿豆、豇豆和刺槐等，幼虫食叶为害。

48. **旋花天蛾**_Herse convolvuli_（Linnaeus）（图 1-48）

为害甘薯、蕹菜、牵牛花等旋花科植物以及芋、葡萄、楸树、扁豆和赤小豆等，幼虫食叶为害。

49. 红天蛾*Pergesa elpenor lewisi* Butler（图 1-49）

主要为害凤仙科、忍冬、地锦等观赏植物。以幼虫食叶为害。

50. 黄杨绢野螟*Diphania perspectalis* Walker（图 1-50）

主要为害瓜子黄杨、朝鲜黄杨、雀舌黄杨等黄杨科植物。以幼虫吐丝缀叶食叶为害。

51. 樟巢螟*Orthaga olivacea* Warre（图 1-51）

为害樟树、浙江楠等樟科植物，幼虫吐丝缀叶结虫巢食叶为害。

52. 棉卷叶螟*Sylepta derogata* Fabricius（图 1-52）

主要为害蜀葵、黄蜀葵、棉花、苘麻、木芙蓉、木棉、海滨木槿等锦葵科植物，幼虫卷叶食叶为害。

53. 稻切叶螟*Psara licarsialis* Walker（图 1-53）

为害水稻、矮生百慕大、高羊茅、早熟禾、日本结缕草等草坪，幼虫食害茎叶。

54. 瓜绢野螟*Diaphania indica* Saunder（图 1-54）

为害瓜类蔬菜、常春藤、木槿、冬葵等花木。幼虫卷叶食叶为害。

55. 甜菜白带野螟*Hymenia recurvalis* Fabricius（图 1-55）

为害四季海棠、鸡冠花、杜鹃、天竺葵、红甜菜、蔷薇、山茶、茶、向日葵、藜、苋菜、甜菜等。幼虫吐丝卷叶食叶为害。

56. 杨卷叶野螟*Pyrausta diniasalis* Walker（图 1-56）

为害杨、柳，幼虫卷叶食叶为害。

57. 白蜡绢野螟*Diaphania nigropunctal*（图 1-57）

为害桂花、白蜡树、女贞、小叶女贞、金叶女贞、丁香、木樨、扶桑、梧桐、樟等。幼虫卷叶食叶为害。

58. 弯囊绢须野螟*Palpita hypohomalia* Inoue（图 1-58）

以幼虫为害女贞叶片。

59. 大叶黄杨斑蛾*Pryeria sinica* Moore（图 1-59）

为害大叶黄杨、金边大叶黄杨、扶芳藤、丝棉木等。以幼虫取食叶片。

60. 竹小斑蛾*Artona funeralis*（Butler）（图 1-60）

幼虫食害紫竹、刚竹、淡竹、若竹、青竹等的叶片。

61. 紫薇黑斑瘤蛾*Nola melanota* Hampson（图 1-61）

主要为害紫薇等紫薇属植物，以幼虫食叶为害。

62. 珊瑚树钩蛾*Oreta turpis*（Butler）（图 1-62）

幼虫食害珊瑚树叶片。

63. 杨扇舟蛾*Clostera anachoreta*（Denis et Schiffermüller）（图 1-63）

以幼虫为害杨树、柳树叶片。

64. 樗蚕蛾*Philosamia cynthia Walker* et Felder（图 1-64）

为害石榴、柑橘、蓖麻、臭椿、乌桕、银杏、马挂木、喜树、白兰花、槐、柳等。幼虫食叶和嫩芽。

65. 绿尾大蚕蛾*Actias selene ningpoana* Felder（图 1-65）

为害枫杨、樟、木槿、乌桕、樱花、海棠、杏、桤木、枫香、白榆、加杨、垂柳等，幼虫食叶为害。

66. 玉带凤蝶*Papilio polytes* Linnaeus（图 1-66）

幼虫为害柑橘、花椒等芸香科植物的叶片。

67. 柑橘凤蝶*Papilio xuthus* Linnaeus（图 1-67）

幼虫为害柑橘、花椒等芸香科植物的叶片。

68. 樟青凤蝶*Graphium sarpedon* Linnaeue（图 1-68）

幼虫为害樟树、楠、月桂、白兰、含笑等植物的叶片。

69. 菜粉蝶（图 1-69）

主要为害十字花科植物，也可为害菊科、旋花科等植物，幼虫食叶为害。

70. 赤蛱蝶*Vanessa indica* Herbset（图 1-70）

主要为害菊花、绣线菊、一串红等一、二年生花卉。以幼虫为害叶片，常卷叶取食。

71. 蔷薇叶蜂*Arge pagana* Panzer（图 1-71）

为害月季、蔷薇、玫瑰等蔷薇科植物，幼虫食害叶片，仅留叶脉。成虫产卵于嫩茎上，形成疤痕。

72. 金叶女贞潜叶跳甲（图 1-72）

主要为害金叶女贞，成虫取食叶片呈小孔洞，幼虫潜入皮下，取食叶肉成弯曲虫道。

73. 柳蓝叶甲*Plagiodera versicolora*（Laicharting）（图 1-73）

成虫和幼虫为害各种柳树的叶片。

74. 榆蓝叶甲*Pyrrhalta aenescens*（Fairmaire）（图 1-74）

主要为害榆树，成虫和幼虫食叶为害。

75. 美洲斑潜蝇（图 1-75）

可为害 110 余种植物，其中以葫芦科、茄科、菊科和豆科植物受害最重。幼虫潜食叶片形成蛇形弯曲的虫道。

76. 中华负蝗*Atractomorpha sinensis* Bolvar（图 1-76）

成虫和若虫为害草坪、多种观赏植物和蔬菜等植物的叶片。

77. 蝗虫（图 1-77）

成虫和若虫为害禾本科、多种观赏植物和蔬菜等植物的叶片。

78. 灰巴蜗牛*Bradybaena ravida*（Benson）（图 1-78）

多食性，可为害多种观赏植物、蔬菜及农作物的叶片。

79. 蛞蝓 *Agriolimax agrestis* Linnaeus（图 1-79）

可食害菊花、一串红、月季、仙客来等花草以及草莓、多种蔬菜、农作物等叶片。

刺吸害虫

80. 桃蚜*Myzus persicae* Sulzer（图1-80）

多食性害虫，越冬寄主有桃、李、杏、梅、樱等，越夏寄主有香石竹、大丽菊、郁金香、仙客来、菊花、金鱼草、蔬菜等。

81. 桃粉蚜*Hyalopterus arundimis* Fabricius（图1-81）

越冬寄主有桃、李、杏、梨、樱桃、樱花、梅等果树及观赏树木。越夏寄主为芦苇、芦竹、禾本科杂草等。

82. 绣线菊蚜*Aphis citricola* Vander Goot（图1-82）

为害绣线菊、苹果、梨、李、杏等。

83. 棉蚜*Aphis gossypii* Glover（图1-83）

多食性害虫，越冬寄主有木槿、石榴、扶桑等，越夏寄主有棉、瓜类、木芙蓉、菊花、一串红、蜀葵、香石竹、鸡冠花、瓜叶菊等。

84. 月季长管蚜*Macrosiphum rosivorum* Zhang（图1-84）

主要为害月季、蔷薇等蔷薇属植物。

85. 菊姬长管蚜*Macrosiphoniella sanborni* Gillette（图1-85）

主要为害菊花、野菊等到菊属植物及艾等。

86. 紫薇长斑蚜*Tinocallis (Sarucallis) kahawaluokalani*（图1-86）

为害紫薇等。

87. 莲缢管蚜*Rhopalosiphum nymphaeae*（Linnaeus）（图1-87）

为害睡莲、王莲、慈姑、荷花、泽泻、香蒲、桃、榆叶梅、红叶李、樱花、梅、李、杏、旱金莲、鸡冠花等。

88. **竹茎扁蚜***Pseudoregma bambusicola*（Takahashi）（图 1-88）

为害孝顺竹。

89. **杭州新胸蚜***Neothoracaphis* hangzhouensis（图 1-89）

为害蚊母。

90. **榆瘿蚜***Tetraneura akinire* Sasaki（图 1-90）

主要为害榆树。

91. **大青叶蝉***Cicadella viridis* Linnaeus（图 1-91）

为害多种农作物和观赏植物，包括禾本科、豆科、十字花科、蔷薇科、杨柳科、梧桐、柏树、桑等。

92. **小绿叶蝉***Empoasca flavescens* Fabricius（图 1-92）

为害海桐、桃、杏、李、樱桃、樱花、梅、葡萄、蜀葵、棉花、茄子、菜豆、十字花科蔬菜、甜菜等。

93. **桃一点斑叶蝉***Erythroneura sudra* Distant（图 1-93）

为害桃树为主，也能为害杏、李、梨、梅、樱桃、月季、海棠及禾本科草坪和杂草等。

94. **菱纹叶蝉***Hishmonus sellatus*（图 1-94）

寄主有桑、梧桐、松、柏、枣、忍冬、构树、无花果、蔷薇、大豆、赤豆、绿豆、豇豆、决明、茄子、芝麻等。

95. **黑羽广翅蜡蝉**（图 1-95）

为害苏铁、八仙花。

96. **温室白粉虱***Trialeurodes vaporariorum* Westwood（图 1-96）

寄主很广，可为害一串红、一品红、非洲菊、瓜叶菊、大丽花、菊花、扶桑、悬铃花、月季、茉莉、杜鹃、天竺葵等多种花木及瓜类、茄果类等多种蔬菜。

97. 烟粉虱 *Bemisia tabaci*（Gennadius）（图 1-97）

寄主很广，可为害一串红、一品红、非洲菊、瓜叶菊、大丽花、菊花、扶桑、悬铃花、月季、茉莉、杜鹃、天竺葵等多种花木及瓜类、茄果类等多种蔬菜。

98. 黑刺粉虱 *Aleurocanthus spiniferus*（Quaintanca）（图 1-98）

为害山茶、茶梅、柑橘、香樟、深山含笑、梨、柿、葡萄等多种植物。

99. 吹绵蚧 *Icerya purchasi* Mask（图 1-99）

为害芸香科植物、玫瑰、蔷薇、月季、桂花、含笑、山茶、芙蓉、米兰、扶桑等。

100. 草履蚧 *Drosicha corpulenta* Kuwana（图 1-100）

为害冬青、广玉兰、李、花桃、柳、枫杨、樱花、紫薇、木瓜、月季、十大功劳、绣球、海棠、海桐、大叶黄杨等。

101. 红蜡蚧 *Ceroplastes rubens* Maskell（图 1-101）

为害雪松、白玉兰、深山含笑、乐昌含笑、桂花、大叶黄杨、枸骨、栀子、金橘、佛手、山茶、杜英、浙江楠等。

102. 日本龟蜡蚧 *Ceroplastes japonicas* Guaind（图 1-102）

为害蜡梅、夹竹桃、白兰花、山茶、紫荆、海桐、月季、栀子、石榴、大叶黄杨、杜英等。

103. 角蜡蚧 *Ceroplastes ceriferas*（Anderson）（图 1-103）

为害栀子花、山茶花、苏铁、石榴、木兰、月桂、大叶黄杨、丝棉木、扶芳藤、白玉兰、雪松、三角枫、冬青、枸骨、常春藤、蔷薇、月季、海棠、樱花、珊瑚、木槿、腊梅、含笑、白兰花、广玉兰、罗汉松、枇杷、柿、柑橘。

104. 白蜡蚧 *Ericerus pela* Chavannes（图 1-104）

主要为害女贞、小叶女贞、白蜡树、水蜡树、漆树及木槿等。

105. 桑白盾蚧*Pseudaulacaspis pentagona* Targioni（图 1-105）

为害梅花、花桃、月季、红叶李、樱花、茶花、苏铁、小腊等。

106. 紫薇绒蚧*Eriococcus lagerstroemiae* Kuwana（图 1-106）

主要为害紫薇、石榴等。

107. 茶圆蚧（又名褐圆蚧、黑褐圆蚧）*Chrysomphalus aonidum*（Linnaeus）（图 1-107）

寄主较广，可为害麦冬、吉祥草、万年青、一叶兰、龙舌兰、美人蕉、苏铁、文竹、柑橘、椰子、棕榈、玫瑰、山茶、无花果、白兰花、桂花等多种花木。

108. 松突圆蚧*Hemiberlesia pitysophila* Takagi（图 1-108）

主要为害马尾松、黑松、湿地松、五针松等松属植物。

109. 卫矛矢尖蚧*Unaspis euonymi*（Comstock）（图 1-109）

主要为害卫矛科植物，特别是大叶黄杨和金边大叶黄杨受害严重。

110. 矢尖蚧*Unaspis yanonensis*（Kuwana）（图 1-110）

为害金橘、柑橘、大叶黄杨、黄杨、木瓜、枸骨、梅花、山茶等。

111. 考氏白盾蚧*Pseudaulacaspis caspiscockerelli*（Cooley）（图 1-111）

为害蒲葵、散尾葵、棕竹、桂花、铁树、茶花、白兰、含笑、白玉兰、广玉兰、杜鹃、珊瑚、重阳木、枫香、夹竹桃、凤尾兰、万年青、枸骨、丁香、绣球、芍药、鹤望兰、米兰、十大功劳、南天竹、柑橘、金橘、络石等。

112. 褐软蚧*Coccus hesperidum* Linnaeus（图 1-112）

主要为害吊兰、君子兰、蝴蝶兰、菜豆树（幸福树）、米兰、含笑、白玉兰、广玉兰、白兰花、栀子花、龟背竹、山茶、龙舌兰、夹竹桃、桂花、苏铁、月季、樱花、梅花、常春藤、万年青、八仙花、八角金盘等花木。

113. 扶桑绵粉蚧*Phenacoccus solenopsis* Tinsley（图 1-113）

为全国农、林植物检疫性有害生物，据资料记载，扶桑绵粉蚧的寄主很多，已知的有 57 科 149 属 207 种，其中以锦葵科、茄科、菊科、豆科为主。笔者目前已发现如太阳花（大花马齿苋）、扶桑、木槿、鸢萝、球兰、吊兰、龙骨、宝石莲、番茄等植物受其为害。其中以太阳花受害最为严重。

114. 梧桐木虱*Thysanogyna limbata* Enderlein（图 1-114）

为害梧桐。

115. 合欢木虱*Psylla pyrisuga* Forster（图 1-115）

为害合欢和梨。

116. 樟个木虱*Trioza camphorae* Sasaki（图 1-116）

为害香樟。

117. 梨冠网蝽*Stephanitis nashi* Esaki（图 1-117）

主要为害梨、苹果、桃、李、樱花、月季、海棠等果树和观赏植物。

118. 杜鹃冠网蝽*Stephanitis pyriodes* Scott（图 1-118）

为害杜鹃。

119. 悬铃木方翅网蝽*Corythucha ciliata* (Say)（图 1-119）

为害悬铃木。

120. 柳膜肩网蝽（图 1-120）

为害柳和杨。

121. 花蓟马*Frankliniella intonsa* (Trybom)（图 1-121）

寄主很广，为害多种植物的花器。

122. 珊瑚蓟马（种名未定）（图 1-122）

为害珊瑚树。

123. 黄蓟马 *Thrips flavus* Schrank（图 1-123）

可为害唐菖蒲、金鱼草、金盏菊、雏菊、百日草、菊花、六月雪、翠菊、牵牛花、石竹、迎春、夹竹桃、女贞、木芙蓉、杜鹃、茶花、紫藤、石楠、梅花、决明、倒挂金钟、海棠、石榴、玫瑰、月季、火棘、丁香等多种花木及葫芦科、茄科、豆科等多种蔬菜。

124. 朱砂叶螨 *Tetranychus cinnabarinus* Boisduval（图 1-124）

寄主很广，可为害月季、桃、樱花、蜀葵、竹芋、袖珍椰子、孔雀草、一串红、锦屏藤、海芋、香石竹、白玉兰、七叶木等。

125. 二斑叶螨 *Tetranychus cinnabarinus* Boisduval（图 1-125）

寄主很广，为害樱花、贴梗海棠、西府海棠、榆叶梅、桃、梨、李、山楂、锦葵、向日葵、海芋等花木及多种蔬菜。

126. 柑橘全爪螨（桂花红蜘蛛）*Panonychus citri* Mc Gregor（图 1-126）

寄主广，为害柑橘类、桂花、桃花、樱花、月季、白玉兰、山茶、天竺葵、一品红、海棠、万寿菊等花木。

127. 侧多食跗线螨（茶黄螨）

Polyphagotarsonemus latus Banks（图 1-127）

为害茉莉、山茶、柑橘、仙客来、非洲菊、海棠、观赏椒等。

钻蛀害虫

128. 星天牛*Anoplophora chinensis* Forseter（图 1-128）

寄主广，可为害樱花、海棠、悬铃木、杨、柳、榆等多种园林树木。

129. 光肩星天牛*Anoplophora glabripennis* Motseh（图 1-129）

寄主广，可为害樱花、海棠、悬铃木、杨、柳、榆等多种园林树木。

130. 黄星天牛*Psacothea hilaris* Paseoe（图 1-130）

为害桑、构树、樱花、苹果、猕猴桃、无花果、桑、栾树、枇杷、柑橘、柳等。

131. 桑天牛*Apriona gormari* Hope（图 1-131）

寄主广，可为害桑、构树、无花果、白杨、柳、榆、樱桃、海棠、刺槐、枫杨、枇杷、紫荆、柑橘等。

132. 双斑锦天牛*Acalolepta sublusca* (Thomson)（图 1-132）

为害大叶黄杨、金边大叶黄杨等卫矛科植物。

133. 桃红颈天牛*Aromia bungii* Faldertmann（图 1-133）

寄主广，主要为害桃、杏、梅、樱桃、郁李、柳、栾树等。

134. 松褐天牛*Monochamus alternatus* Hope（图 1-134）

为害松树。

135. 中华薄翅天牛*Megopis sinica* White（图 1-135）

为害法桐、杨、柳、榆、松、杉、白蜡树、桑、梧桐、海棠、枣、板栗等。

136. 云斑天牛 *Batocera horsfieldi*（Hope）（图 1-136）

为害枇杷、无花果、乌桕、柑橘、紫薇、泡桐、梨、白蜡树、榆、榕树等。

137. 暗翅筒天牛 *Oberes fuscipennis*（Chevrolat）（图 1-137）

主要为害桑树，也为害构树、无花果、苎麻等。

138. 菊天牛 *Phytoecia rufiqentria* Gautier（图 1-138）

主要为害菊花。

139. 竹虎天牛（图 1-139）

140. 虎天牛（种名未定）（图 1-140）

141. 筒天牛（种名未定）（图 1-141）

142. 天牛（种名未定）（图 1-142）

143. 筒灰象甲（图 1-143）

为害袖珍椰子。

144. 大丽花螟蛾 *Pyrausta nubilalis* Hubern（图 1-144）

主要为害大丽花、菊花、向日葵、美人蕉、唐菖蒲、棕榈、玉米等多种植物。

145. 咖啡木蠹蛾 *Zeuzera coffeae* Nietner（图 1-145）

为害月季、樱花、贴梗海棠、垂丝海棠、桃花、山茶、石榴、木槿、紫荆、白兰花、杜鹃等多种花木及多种果树。

146. 黄胸木蠹蛾 *Cossus chinensis* Rothschild（图 1-146）

为害垂柳、柿树、刺槐、杨树等。

147. 蔗扁蛾 *Opogona sacchari* Bojer（图 1-147）

为害巴西木、荷兰铁、发财树、橡皮树、散尾葵、蒲葵、棕竹、鱼尾葵、海芋等。

148. 葡萄透翅蛾*Paranthrene regalis* Nokona（图 1-148）

为害葡萄。

149. 杨透翅蛾*Parathrene tabaniformis* (Rottenberg)（图 1-149）

为害杨树和柳树。

150. 桃蛀螟*Conogethes punctiferalis*（图 1-150）

为害石榴、桃、李、梅、杏、梨、柿、板栗、向日葵等果实。

151. 棉铃虫*Helicoverpa armigera* Hubner（图 1-151）

为害月季、非洲菊、菊花、棉花及多种蔬菜。

152. 桃折心虫*Grapholitha molesta* (Busck)（图 1-152）

为害梨、桃、李、杏、海棠、樱桃、杨梅等，钻蛀新梢和果实。

地下害虫

153. 小地老虎*Agrotis ypsilon* Rottemberg（图 1-153）

多食性害虫，为害菊花、万寿菊、百日草、金盏菊、大丽花、孔雀草、一串红、鸡冠花、羽衣甘蓝、石竹、香石竹、凤仙花、桂花、广玉兰、含笑、蜀葵、芙蓉等花木及多种蔬菜、农作物的幼苗。

154. 大地老虎*Agrotis takionis*（图 1-154）

多食性害虫，许多花卉和花灌木、果木、林木的幼苗都能为害。

155. 非洲蝼蛄*Gryllotalpa africana* Palisot de Beauvois（图 1-155）

多食性害虫，能为害多种花木、蔬菜和农作物刚播的种子和幼苗。

156. 大黑金龟子*Hloltrichia diomphalia* Batesa（图 1-156）

多食性害虫，幼虫为害多种苗木及农作物刚播种发芽的种子、根部和地下茎，成虫为害樱花、梅、杏、梨、桃、榆、杨等多种果木、林木的叶片。

157. 暗黑金龟子*Holotrichia serobiculata* Brenske（图 1-157）

多食性害虫，为害方式同大黑金龟子。

158. 铜绿金龟子*Anomala corpulenta* Motsch（图 1-158）

多食性害虫，为害方式同大黑金龟子。

159. 小青花金龟*Oxycetonia jucunda* Faldermann（图 1-159）

多食性害虫。可为害梨、桃、杏、山楂、杨、柳、榆、海棠、葡萄、柑橘、葱等多种果木、林木和农作物。主要以成虫食害芽、花蕾、花瓣及嫩叶。幼虫以腐殖质为食，长大后也能食害根部，但为害不严重。

160. 斑青花金龟 *Oxycetonia jucunda bealiae* Gory et Percheron（图 1-160）

主要以成虫为害梨、桃、柑橘、罗汉果、棉花、玉米、草莓、茄子等多种果木、林木和蔬菜及农作物的花器。幼虫以腐殖质为食，长大后也能食害根部，但为害不严重。

161. 白星金龟子（白星滑花金龟）*Potosia brevitarsis*（图 1-161）

成虫为害梨、桃、李、杏、樱桃、葡萄、柑橘、无花果等多种果木成熟的果实为主，常数头或十余头群集在果实上取食，或群集在树干烂皮、伤流处吸食汁液，也可咬食花器。幼虫以腐殖质为食。

162. 黑绒金龟子 *Serica orientalis* Motscchulsky（图 1-162）

多食性，可为害梨、桃、月季、臭椿、泡桐、杏、梅花、桑、牡丹、芍药等 40 余科约 150 种植物。以成虫咬食植物的芽苞、幼芽和嫩叶为害严重。幼虫食害根部，为害轻。

163. 小黄金龟子 *Metabolus flavescens* Brenske（图 1-163）

主要以成虫为害，取食梨、丁香、海棠等果木的叶片。幼虫取食植物的根部，为害轻。

164. 小褐金龟子（种名未定）（图 1-164）

成虫食害红花檵木叶片。

165. 花金龟（种名未定）（图 1-165）

166. 小黑金龟子（种名未定）（图 1-166，图 1-167）

成虫食害紫荆叶片，群集为害，量多时可把全株叶片吃光。

二、浙江省观赏植物常见病害名录

叶、花、果病害

1. 金盏菊白粉病（图 2-1）

病原为二孢白粉 *Erysiphe cichoracearum*。

2. 菊花白粉病（图 2-2）

病原为二孢白粉菌 *Erysiphe cichoracearum*。该病原除能引起金盏菊、菊花白粉病外，还能引起瓜叶菊、百日草、非洲菊、金光菊、大丽花、向日葵等多种菊科植物及紫藤、枸杞、凌霄、福禄考、美女樱、飞燕草、蜀葵等白粉病。

3. 凤仙花白粉病（图 2-3）

病原为单丝壳属的 *Sphaerotheca fuliginae*。该病原除引起凤仙花白粉病外，还可引起瓜类、豆科植物等多种植物白粉病。

4. 扁竹蓼白粉病（图 2-4）

病原为蓼白粉菌 *Erysiphe polygoni*。

5. 悬铃木白粉病（图 2-5）

病原为 *Erysiphe platan*。

6. 大叶黄杨白粉病（图 2-6）

病原为正木粉孢霉菌 *Oidium euonymi-japonicae*。

7. 月季白粉病（图 2-7）

病原为毡毛单丝壳属的 *Sphaerotheca pannosa*。该病原除引起月季白粉病外，还可引起玫瑰、蔷薇、桃等白粉病。

8. 十大功劳白粉病（图 2-8）

病原为单丝壳属的 *Sphaertthear Pannese*。

9. 木芙蓉白粉病（图 2-9）

病原为单丝壳属的 *Sphaerotheca fuliginea*（Schlecht.）Poll。

10. 紫薇白粉病（图 2-10）

病原为南方小钩丝壳 *Uncinuliella australiana*（McAlp.）Zheng & Chen。

11. 桧柏锈病（图 2-11）

病原为山田胶锈菌 *Gymnosporangium yamadai* Miyabe 和梨胶锈菌 *Gymnosporangium asiaticum* Miyabe ex Yamada。

12. 海棠锈病（图 2-12）

病原为山田胶锈菌 *Gymnosporangium yamadai* Miyabe 和梨胶锈菌 *Gymnosporangium asiaticum* Miyabe ex Yamada。

13. 梨锈病（图 2-13）

病原为山田胶锈菌 *Gymnosporangium yamadai* Miyabe 和梨胶锈菌 *Gymnosporangium asiaticum* Miyabe ex Yamada。

14. 月季锈病（图 2-14）

病原为蔷薇多孢锈菌 *Phragmidium rosae-multiflorae* Diet. 等。

15. 黑麦草锈病（图 2-15）

病原为冠柄锈菌 *Puccinia coronata coronata* Corda。

16. 高羊茅锈病（图 2-16）

病原为禾冠柄锈菌 *Puccinia coronata* Corda。

17. 狗牙根锈病（图 2-17）

病原为狗牙根柄锈菌 *Puccinia cyndontis* Lacr。

18. 柳锈病（图 2-18）

病原为拟鞘锈栅锈菌 *Melampsora coleosporioides* Diet.。该病菌为害垂柳和旱柳。

19. 月季黑斑病（图 2-19）

病原为蔷薇盘二孢 *Actinonema rosae* (Lib.) Fr.。

20. 山茶灰斑病（图 2-20）

病原为茶褐斑盘多毛孢 *Pestalotia puepini* Desm.。

21. 杜鹃褐斑病（图 2-21）

病菌为杜鹃尾孢菌 *Cercospora rhodoendri* Guba.。

22. 大叶黄杨褐斑病（图 2-22）

病原为坏损尾孢霉 *Cercospora destructiva* Rav.。

23. 樱花褐斑穿孔病（图 2-23）

病原为核果尾孢菌 *Cercospora circumscissa* Sacc.。该病菌除了为害樱花外，还为害桃、李、梅、杏、樱桃。

24. 海棠褐斑病（图 2-24）

病原为尾孢菌 *Cercospora cydoniae* Ellis et Everhart。

25. 桃真菌性褐斑穿孔病（图 2-25）

病原为核果尾孢菌 *Cercospora circumscissa* Sacc.。

26. 梅花褐斑病（图 2-26）

病原为核果尾孢菌 *Cercospora circumscissa* Sacc.。

27. 紫荆角斑病（图 2-27）

病原为紫荆尾孢菌 *Cercospora chionea* Ell. et Ev.。

28. 锦带花灰斑病（图 2-28）

病原为尾孢菌属真菌的 *Cercospora weigelae* Ell.et Ev.。

29. 荚蒾褐斑病（图 2-29）

病原为尾孢菌属真菌的 *Cercospora tinea* Sacc.。

30. 木槿角斑病（图 2-30）

病原为尾孢菌 *Cercospora* sp.。

31. 云南黄馨褐斑病（图 2-31）

病原为尾孢菌 *Cercospora* sp.。

32. 金森女贞褐斑病（图 2-32）

病原为尾孢菌 *Cercospora* sp.。

33. 八仙花叶斑病（图 2-33）

病原为尾孢菌 *Cercospora hydrangeae* Ell.et Ev.、绣球叶点霉 *Phyllosticta hydrangeae*。

34. 金光菊斑点病（图 2-34）

病原为尾孢菌 *Cercospora* sp.。

35. 鸢尾轮纹病（图 2-35）

病原为鸢尾生链格孢 *Alternaria ridicola* (E11.et Ev.)E1-liott。

36. 瓜叶菊轮纹病（图 2-36）

病原为链格孢 *Alternaria cinerariae* Hor.et Erj.。

37. 荷花黑斑病（图 2-37）

病原为链格孢 *Alternaria nelumbii*。

38. 橐吾轮纹病（图 2-38）

病原为链格孢 *Alternaria* sp.。

39. 橐吾斑点病（图 2-39）

病原为叶点霉 *Phyllosticta* sp.。

40. 桂花叶枯病（图 2-40）

病原为木樨生叶点霉 *Phyllosticta osmnthicola* Trinchieri、壳二孢菌 *Aseoehyta* sp.。

41. 爬山虎斑点病（图 2-41）

病原为叶点霉 *Phyllosticta* sp.。

42. 菊花褐斑病（图 2-42）

病原为菊壳针孢菌 *Septoria chrysanthemella* Sacc。

43. 万年青红斑病（图 2-43）

病原为万年青亚球壳菌 *Sphaerulina rhodeae* P.Henn et Shirai。

44. 麦冬叶枯病（图 2-44）

病原为胶孢炭疽菌 *Colletotrichum gloeosporioides*（Penz）Sacc.。

45. 龙血树叶斑病（图 2-45）

病原为黑葱花霉 *Periconia* sp.。

46. 罗汉松叶枯病（图 2-46）

病原为罗汉松盘多毛孢 *Pestalotia podocarpi*。

47. 高羊茅德氏霉叶枯病（图 2-47）

病原为多种德氏霉 *Drechslera* spp.。

48. 高羊茅褐斑病（图 2-48）

病原为立枯丝核菌 *Rhizoctonia solani* Kuhn。

49. 高羊茅瘟病（图 2-49）

病原为梨孢菌 *Pyricularia* sp.。

50. 一品红细菌性叶斑病（图 2-50）

病原为油菜黄单孢杆菌一品红致病变种 *Xanthomonas campestris* pv.*poinsettiicolae*（Patel Bhatt et kulkarni）Dye。

51. 大叶黄杨炭疽病（图 2-51）

病原为胶孢炭疽菌 *Colletotrichum gloeosporiodies*（Penz）Sacc。胶孢炭疽菌可引起很多植物炭疽病。

52. 桃叶珊瑚炭疽病（图 2-52）

病原为胶孢炭疽菌 *Colletotrichum gloeosporiodies*（Penz）Sacc。

53. 八角金盘炭疽病（图 2-53）

病原为胶孢炭疽菌 *Colletotrichum gloeosporiodies*（Penz）Sacc。

54. 仙客来炭疽病（图 2-54）

病原为 *Colletotrichum* sp.。

55. 兰花炭疽病（图 2-55）

病原为胶孢炭疽菌 *Colletotrichum gloeosporiodies*（Penz）Sacc。

56. 君子兰炭疽病（图 2-56）

病原为 *Colletotrichum* sp.。

57. 花叶万年青炭疽病（图 2-57）

病原为 *Colletotrichum* sp.。

58. 虎皮兰炭疽病（图 2-58）

病原为 *Colletotrichum* sp.。

59. 橡皮树炭疽病（图 2-59）

病原为胶孢炭疽菌 *Colletotrichum gloeosporiodies*（Penz）Sacc。

60. 四季海棠灰霉病（图 2-60）

病原为灰葡萄孢菌 *Botrytis cinerea* Pers et Fr.。灰葡萄孢菌寄主很广，引起很多植物灰霉病。

61. 一串红灰霉病（图 2-61）

病原为灰葡萄孢菌 *Botrytis cinerea* Pers et Fr.。

62. 非洲菊灰霉病（图 2-62）

病原为灰葡萄孢菌 *Botrytis cinerea* Pers et Fr.。

63. 金盏菊灰霉病（图 2-63）

病原为灰葡萄孢菌 *Botrytis cinerea* Pers et Fr.。

64. 橡皮树灰霉病（图 2-64）

病原为灰葡萄孢菌 *Botrytis cinerea* Pers et Fr.。

65. 鹤望兰灰霉病（图 2-65）

病原为灰葡萄孢菌 *Botrytis cinerea* Pers et Fr.。

66. 仙客来灰霉病（图 2-66）

病原为灰葡萄孢菌 *Botrytis cinerea* Pers et Fr.。

67. 矮牵牛灰霉病（图 2-67）

病原为灰葡萄孢菌 *Botrytis cinerea* Pers et Fr.。

68. 文殊兰灰霉病（图 2-68）

病原为葡萄孢菌 *Botrytis* sp.。

69. 葡萄霜霉病（图 2-69）

病原为葡萄生单轴霉 *Plasmopara viticola*（Berk.dt Curtis）Berl. et de Toni。

70. 油菜花霜霉病（图 2-70）

病原为寄生霜霉 *Peronospora parasitica*（Pers.）Fr.，该病原可引起多种十字花科植物霜霉病。

71. 月季霜霉病（图 2-71）

病原为蔷薇霜霉菌 *Peronospora sporsa* Berk。

72. 牵牛花白锈病（图 2-72）

病原为牵牛花白锈菌 *Albugo ipomoeaepanduranae*（Schw）Sw.。该病菌的寄主包括各种牵牛花及其他旋花科植物。

73. 百合潜隐花叶病（病毒所致）（图 2-73）

74. 郁金香碎色病（病毒所致）（图 2-74）

75. 菊花花叶病（病毒所致）（图 2-75）

76. 菊花矮化病（类病毒所致）（图 2-76）

77. 大丽花花叶病（病毒所致）（图 2-77）

78. 唐菖蒲花叶病（病毒所致）（图 2-78）

79. 美人蕉花叶病（病毒所致）（图 2-79）

80. 月季花叶病（病毒所致）（图 2-80）

81. 马蹄莲病毒病（病毒所致）（图 2-81）

82. 玉簪病毒病（病毒所致）（图 2-82）

83. 山茶花病毒病（病毒所致）（图 2-83）

84. **枸杞叶肿病**（图 2-84）

病原为外担子菌 *Exobasidium* sp.。

85. **杜鹃叶肿病**（图 2-85）

病原为杜鹃外担子菌 *Exobasidium rhododendri* Gramer。该病菌为害杜鹃科的多种植物。

86. **桃缩叶病**（图 2-86）

病原为畸形外囊菌 *Taphrina deformans*（Berk）Tul.。

87. **樱桃叶肿病**（图 2-87）

病原为畸形外囊菌 *Taphrina deformans*（Berk）Tul.。

枝干部、根部病害

88. 合欢枯萎病（图 2-88）

病原为尖孢镰刀菌 *Fusarium oxysporum* f.sp.perniciosum。

89. 菊花枯萎病（图 2-89）

病原为尖孢镰刀菌 *Fusarium oxysporum* f.sp. chrysanthemi。

90. 非洲菊枯萎病（图 2-90）

病原菌为尖孢镰刀菌 *Fusarium oxysporum* Schl.。

91. 君子兰细菌性软腐病（图 2-91）

病原为胡萝卜软腐欧文氏杆菌 *Erwinia carotovora* var. atroseptica。

92. 蝴蝶兰细菌性软腐病（图 2-92）

病原为菊欧文氏杆菌 *Erwinia chrysanthemi*。

93. 仙客来细菌性软腐病（图 2-93）

病原为胡萝卜软腐欧文氏杆菌 *Erwinia carotovora* var. *atroseptica*。

94. 二月兰菌核病（图 2-94）

病原为核盘菌 *Sclerotinia sclerotiorum*（Lib.）de Bary。

95. 菊花菌核病（图 2-95）

病原为核盘菌 *Sclerotinia sclerotiorum*（Lib.）de Bary。

96. 葱兰菌核病（图 2-96）

病原为核盘菌 *Sclerotinia sclerotiorum*（Lib.）de Bary。核盘菌寄主很广，可侵害 32 科 160 多种植物，观赏植物中常见的有菊花、雏菊、向日葵、百日菊、金盏菊、万寿菊等菊科植物，紫罗兰、羽衣甘蓝等十字花科植物，羽扇豆、金鱼草、蒲包花、芍药、石竹、金钟花、太阳花、葱兰、锦屏藤等。

97. 月季枝枯病（图 2-97）

病原为蔷薇盾壳霉 *Coniothyrium fucklii* Sacc.。

98. 竹丛枝病（图 2-98）

病原为竹丛枝瘤痤菌 *Balansia take*（Miyake）Hara.。

99. 泡桐丛枝病（图 2-99）

病原为类菌原体。

100. 白玉兰立枯病（图 2-100）

病原为立枯丝核菌 *Rhizoctonia solani* Kuhn.。立枯丝核菌寄主广，可引起许多花卉苗木苗期立枯病。

101. 翠菊猝倒病（图 2-101）

病原为瓜果腐霉 *Pythium aphanidermatum*。瓜果腐霉可引起多种植物苗期猝倒病。

102. 香樟紫纹羽病（图 2-102）

病原为紫卷担菌 *Helicobasidium purpureum*（Tul.）Pat.。紫卷担菌寄主极广，包括 45 科 100 多种植物，其中包括很多花木。

103. 兰花白绢病（图 2-103）

病原为齐整小核菌 *Sclerotium rolfsii* Sacc.。

104. 荚蒾白绢病（图 2-104）

病原为齐整小核菌 *Sclerotium rolfsii* Sacc.。

105. 栀子白绢病（图 2-105）

病原为齐整小核菌 *Sclerotium rolfsii* Sacc.。

106. 茉莉花白绢病（图 2-106）

病原为齐整小核菌 *Sclerotium rolfsii* Sacc.。

107. 樱桃白绢病（图 2-107）

病原为齐整小核菌 *Sclerotium rolfsii* Sacc.。齐整小核菌寄主很广，包括 38 科 120 多种植物，其中包括很多的花卉、树木。

108. 桂花根结线虫病（图 2-108）

病原为南方根结线虫 *Meloidogyne incognita* Chitwood.。

109. 四季海棠根结线虫病（图 2-109）

病原为根结线虫 *Meloidogyne* sp.。

110. 李根癌病（图 2-110）

病原为根癌土壤杆菌 *Agrobacterium tumefaciens*（E.F Smith et Townsend）Conn.。

111. 月季根癌病（图 2-111）

病原为根癌土壤杆菌 *Agrobacterium tumefaciens*（E.F. Smith et Townsend）Conn.。

112. 樱花根癌病（图 2-112）

病原为根癌土壤杆菌 *Agrobacterium tumefaciens*（E.F. Smith et Townsend）Conn.。

113. 桃树根癌病（图 2-113）

病原为根癌土壤杆菌 *Agrobacterium tumefaciens*（E.F. Smith et Townsend）Conn.。

114. 梨树根癌病（图 2-114）

病原为根癌土壤杆菌 *Agrobacterium tumefaciens*（E.F. Smith et Townsend）Conn.。根癌土壤杆菌寄主很广，可引起 90 多科 600 多种植物根癌病。

115. 桃树流胶病（图 2-115）

病因复杂，冻害、病虫害、雹灾、灼伤、冬剪过重，机械伤口、树势衰弱等都会引起流胶。

三、浙江省观赏植物常见害虫原色图谱

食叶害虫

图 1-1　黄刺蛾
1. 成虫　2. 幼虫　3. 蛹茧

图 1-2　褐边绿刺蛾

1. 成虫　2. 幼虫　3. 蛹茧

图 1-3　丽绿刺蛾

1. 成虫　2. 幼虫

图1-4　褐刺蛾

1.成虫　2.幼虫（A.黄型和B.红型）　3.蛹茧

图1-5　扁刺蛾

1.成虫　2.幼虫

图 1-6　大袋蛾

1. 成虫　2. 护囊及为害状　3. 护囊内的幼虫

图 1-7　茶袋蛾

1. 成虫　2. 护囊

图1-8　白囊袋蛾护囊

图1-9　小袋蛾护囊及为害状

图 1-10　斜纹夜蛾
1. 成虫　2. 卵　3、4. 幼虫　5. 蛹

图 1-11　银纹夜蛾
1. 成虫　2. 蛹茧　3. 幼虫

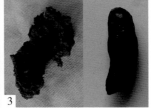

图 1-12　葱兰夜蛾

1. 成虫　2. 幼虫　3. 蛹

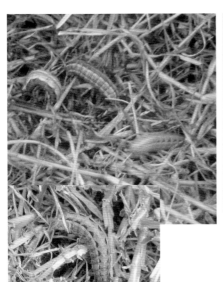

图 1-13　淡剑贪夜蛾

1. 幼虫及为害状　2. 成虫

图 1-14　梨剑纹夜蛾幼虫　　　　图 1-15　安纽夜蛾成虫

图 1-16　黏虫

1. 成虫　2. 幼虫及为害状

图 1-17　甜菜夜蛾

1. 成虫　2. 幼虫及为害状　3. 蛹

图 1-18　玫瑰巾夜蛾成虫

图 1-19　焰夜蛾成虫

图 1-20　黑白秘夜蛾成虫

图 1-21　鸟嘴壶夜蛾成虫

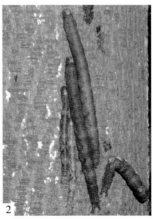

图 1-22　变色夜蛾

1. 成虫　2. 幼虫

图 1-23　毛胫夜蛾

1. 幼虫及为害状　2. 成虫

图 1-24 臭椿皮蛾
1. 成虫 2. 幼虫

图 1-25 枯叶夜蛾
1. 成虫 2. 幼虫

图 1-26 苎麻夜蛾成虫

图 1-27　贫夜蛾成虫

图 1-28　夜蛾（种名未定）

图 1-29　旋目夜蛾成虫

图 1-30　中带三角夜蛾成虫

图 1-31　夜蛾（种名未定）

图 1-32　夜蛾（种名未定）

图 1-33 丝绵木金星尺蠖

1. 成虫 2. 幼虫 3. 卵 4. 为害状

图 1-34 大造桥虫

1. 成虫 2. 幼虫

图 1-35　樟翠尺蛾
1. 成虫　2. 幼虫

图 1-36　双目白姬尺蛾

图 1-37　褐线尺蛾

图 1-38　黄尾毒蛾
1. 成虫　2. 幼虫

图 1-39　杨毒蛾成虫　　　　图 1-40　舞毒蛾成虫（雄虫）

图 1-41　星白雪灯蛾
1. 成虫　2. 幼虫

图 1-42　人纹污灯蛾
1. 成虫　2. 幼虫

图 1-43　霜天蛾
1. 成虫　2. 幼虫

图 1-44　蓝目天蛾

1. 成虫　2. 幼虫

图 1-45　芋双线天蛾

1. 成虫　2. 幼虫

图 1-46　咖啡透翅天蛾

1. 成虫　2. 幼虫

图 1-47　豆天蛾

1. 成虫　2. 幼虫

图 1-48　旋花天蛾

1. 成虫　2. 幼虫

图 1-49　红天蛾成虫

图 1-50 黄杨绢野螟

1. 成虫　2. 幼虫

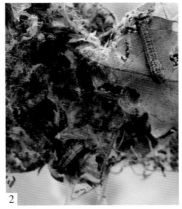

图 1-51 樟巢螟

1. 为害状　2. 虫巢内的幼虫

图1-52 棉卷叶螟
1.成虫 2.幼虫 3.为害状

图1-53 稻切叶螟
1.为害状 2.幼虫

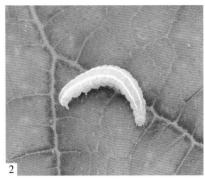

图 1-54 瓜绢野螟

1. 成虫 2 幼虫

图 1-55 甜菜白带野螟

1. 成虫 2. 幼虫

图 1-56 杨卷叶野螟成虫

图 1-57　白蜡绢野螟成虫

图 1-58　弯囊绢须野螟成虫

图 1-59　大叶黄杨斑蛾幼虫及为害状

图 1-60　竹小斑蛾幼虫

图 1-61　紫薇黑斑瘤蛾幼虫及为害状

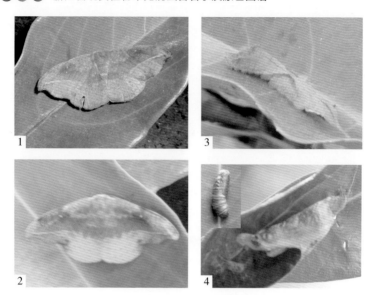

图1-62　珊瑚树钩蛾

1.雌成虫　2.雄成虫　3.幼虫　4.蛹

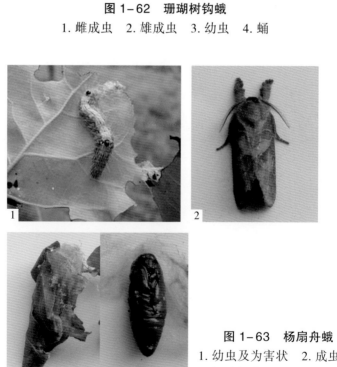

图1-63　杨扇舟蛾

1.幼虫及为害状　2.成虫

3.蛹及蛹茧

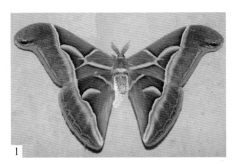

图1-64 樗蚕蛾

1. 成虫　2. 幼虫

图1-65 绿尾大蚕蛾

1. 成虫　2. 幼虫

图1-66 玉带凤蝶

1. 雄成虫　2. 雌成虫　3、4. 幼虫

图1-67 柑橘凤蝶

1. 成虫　2. 幼虫

图 1-68 樟青凤蝶

1. 成虫　2. 幼虫

图 1-69 菜粉蝶

1. 成虫（A. 雄；B. 雌）　2. 幼虫　3. 蛹

图 1-70　赤蛱蝶
1. 成虫　2. 幼虫

图 1-71　蔷薇叶蜂
1. 成虫　2. 幼虫　3. 卵

图1-72　金叶女贞潜叶跳甲

1. 成虫为害状　2. 幼虫为害状

图1-73　柳蓝叶甲

1. 成虫及为害状　2. 幼虫及为害状

图 1-74　榆蓝叶甲
1. 成虫　　2、3.幼虫为害状

图 1-75　美洲斑潜蝇
1. 成虫　2.幼虫　3.蛹　4.为害状

图 1-76　中华负蝗（蚱蜢）

图 1-77　蝗虫（种名未定）

图 1-78　灰巴蜗牛

图 1-79　蛞蝓

刺吸害虫

图 1-80 桃蚜及菊花为害状

图 1-81 桃粉蚜及为害状

图 1-82　绣线菊蚜及为害状

图 1-83　棉蚜及为害状

图 1-84　月季长管蚜及为害状

图 1-85　菊姬长管蚜及为害状

图1-86　紫薇长斑蚜及为害状

图1-87　莲缢管蚜及为害状

图 1-88　竹茎扁蚜及为害状

图 1-89　杭州新胸蚜及为害状

图 1-90　榆瘿蚜及为害状

图 1-91　大青叶蝉

图 1-92　小绿叶蝉

图 1-93　桃一点斑叶蝉及为害状

图 1-94　菱纹叶蝉

图 1-95　黑羽广翅蜡蝉

图 1-96　温室白粉虱

图 1-97　烟粉虱

图 1-98　黑刺粉虱

图1-99 吹绵蚧

图1-100 草履蚧

图 1-101　红蜡蚧

图 1-102　日本龟蜡蚧

图 1-103　角蜡蚧

图 1-104 白蜡蚧

图 1-105 桑白盾蚧

图 1-106　紫薇绒蚧

图 1-107　茶圆蚧

图1-108　松突圆蚧

图1-109　卫矛矢尖蚧

1.为害枝干　2.为害叶片

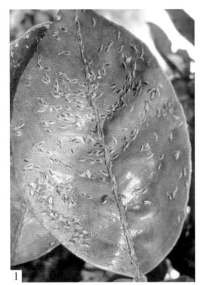

图 1-110 矢尖蚧
1. 雌介壳　2. 雄介壳

图 1-111 考氏白盾蚧

图 1-112　褐软蚧

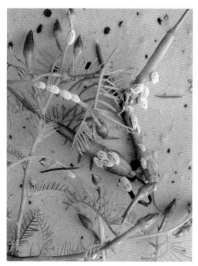

图 1-113　扶桑绵粉蚧

图 1-114　梧桐木虱
1. 成虫　2. 若虫　3. 为害状

图 1-115　合欢木虱

图 1-116　樟个木虱

1. 为害状　2. 若虫

图 1-117　梨冠网蝽成虫及为害状

图1-118　杜鹃冠网蝽成虫及为害状

图1-119　悬铃木方翅网蝽为害状及成虫

图 1-120 柳膜肩网蝽成虫、若虫及为害状

图 1-121 花蓟马及为害状

图 1-122　珊瑚蓟马及为害状（种名未定）

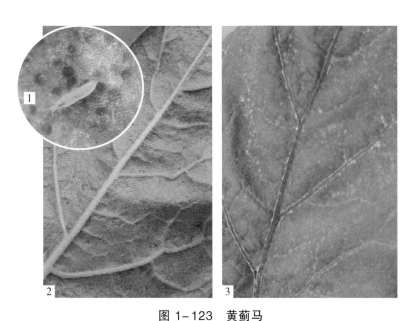

图 1-123　黄蓟马
1. 成虫（放大）　2. 叶背为害的蓟马及为害状　3. 叶面为害状

图 1-124　朱砂叶螨为害状及其成虫

图 1-125　二斑叶螨为害状、成螨和卵

图 1-126　柑橘全爪螨为害状、卵和成螨

图 1-127　侧多食跗线螨为害状及成螨

钻蛀害虫

图 1-128　星天牛

1. 成虫　2. 幼虫及为害状

图 1-129　光肩星天牛

1. 成虫　2. 蛹

图 1-130　黄星天牛成虫

图 1-131　桑天牛成虫

1

2

图 1-132　双斑锦天牛

1. 成虫　2. 幼虫及为害状

1

图 1-133　桃红颈天牛

1. 成虫　2. 幼虫及为害状

2

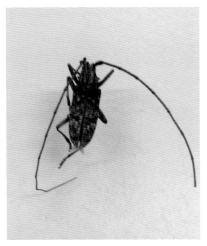

图 1-134　松褐天牛

图 1-135　中华薄翅天牛

图 1-136　云斑天牛

图 1-137　暗翅筒天牛

图 1-138　菊天牛

图 1-139　竹虎天牛

图 1-140　虎天牛（种名未定）

图 1-141　筒天牛（种名未定）

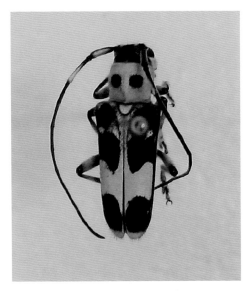

1-142 天牛（种名未定）

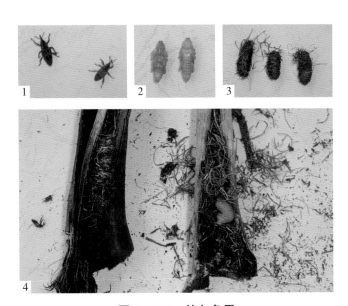

图 1-143 筒灰象甲
1. 成虫　2. 蛹　3. 蛹室　4. 幼虫及为害状

图 1-144　大丽花螟蛾

1. 成虫　2. 幼虫

图 1-145　咖啡木蠹蛾

1. 成虫　2. 幼虫　3. 为害状

图 1-146 黄胸木蠹蛾幼虫

图 1-147 蔗扁蛾
1. 巴西木被害状　2. 皮层下为害的幼虫及虫道　3. 蛹

图 1-148 葡萄透翅蛾

1. 成虫　2. 幼虫及为害状

图 1-149 杨透翅蛾

1. 成虫　2. 幼虫及为害状

图 1-150　桃蛀螟

1. 成虫　2. 幼虫

图 1-151　棉铃虫

1. 成虫　2. 幼虫及为害状

图 1-152　桃折心虫

1. 为害状　2. 枯梢内的幼虫

地下害虫

图 1-153　小地老虎
1. 成虫　2. 幼虫　3. 蛹

图 1-154　大地老虎成虫

图 1-155 非洲蝼蛄成虫和若虫

图 1-156 大黑金龟子

图 1-157　暗黑金龟子

图 1-158　铜绿金龟子

图 1-159　小青花金龟

图 1-160　斑青花金龟

图 1-161　白星金龟子

图 1-162　黑绒金龟子

图 1-163　小黄金龟子

图 1-164　小褐金龟子（种名未定）

图 1-165　花金龟（种名未定）

图 1–166　小黑金龟子（种名未定）

图 1–167　蛴螬（金龟子类害虫幼虫的统称）

四、浙江省观赏植物常见病害原色图谱

叶、花、果病害

图 2-1　金盏菊白粉病

图 2-2　菊花白粉病

图 2-3　凤仙花白粉病

图 2-4　扁竹蓼白粉病

图2-5　悬铃木白粉病

图2-6　大叶黄杨白粉病

图2-7　月季白粉病

图2-8　十大功劳白粉病

图2-9　木芙蓉白粉病

图 2-10　紫薇白粉病

图 2-11　桧柏锈病（冬孢子角）

图 2-12　海棠锈病

图 2-13　梨锈病

图 2-14　月季锈病

图 2-15　黑麦草锈病

图 2-16　高羊茅锈病

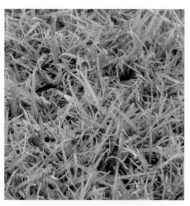

图 2-17　狗牙根锈病

图 2-18　柳锈病

图 2-19　月季黑斑病

图 2-20　山茶灰斑病

图 2-21 杜鹃褐斑病

图 2-22 大叶黄杨褐斑病

图 2-23 樱花褐斑穿孔病

图 2-24 海棠褐斑病

图 2-25 桃真菌性褐斑穿孔病

图 2-26 梅花褐斑病

图 2-27 紫荆角斑病

图 2-28 锦带花灰斑病

图 2-29 荚蒾褐斑病

图 2-30 木槿角斑病

图 2-31 云南黄馨褐斑病

图 2-32 金森女贞褐斑病

图 2-33　八仙花叶斑病

图 2-34　金光菊斑点病

图 2-35　鸢尾轮纹病

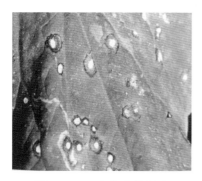

图 2-36　瓜叶菊轮纹病

图 2-37　荷花黑斑病

图 2-38 橐吾轮纹病

图 2-39 橐吾斑点病

图 2-40 桂花叶枯病

图 2-41 爬山虎斑点病

图 2-42 菊花褐斑病

图 2-43 万年青红斑病

图 2-44　麦冬叶枯病

图 2-45　龙血树叶斑病(黑葱花霉属)

图 2-46　罗汉松叶枯病

图 2-47　高羊茅德氏霉叶枯病

图 2-48　高羊茅褐斑病

图 2-49　高羊茅瘟病

图 2-50　一品红细菌性叶斑病　　　图 2-51　大叶黄杨炭疽病

图 2-52　桃叶珊瑚炭疽病

图 2-53　八角金盘炭疽病

图 2-54　仙客来炭疽病

图 2-55　兰花炭疽病

图 2-56　君子兰炭疽病

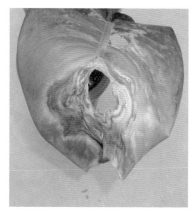

图 2-57　花叶万年青炭疽病

图 2-58　虎皮兰炭疽病

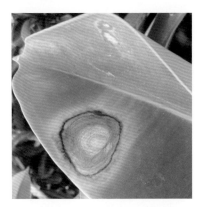

图 2-59　橡皮树炭疽病

图 2-60　四季海棠灰霉病

图 2-61　一串红灰霉病

图 2-62　非洲菊灰霉病

图 2-63　金盏菊灰霉病

图 2-64　橡皮树灰霉病

图 2-65　鹤望兰灰霉病

图 2-66　仙客来灰霉病

图 2-67　矮牵牛灰霉病

图 2-68　文殊兰灰霉病

图 2-69　葡萄霜霉病病叶正反面症状

图2-70 油菜花霜霉病（叶背）

图2-71 月季霜霉病

图2-72 牵牛花白锈病

图2-73 百合潜隐花叶病

图 2-74 郁金香碎色病

图 2-75 菊花花叶病

图 2-76 菊花矮化病

图 2-77 大丽花花叶病

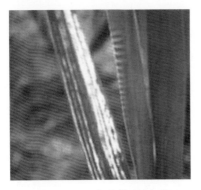

图 2-78　唐菖蒲花叶病

图 2-79　美人蕉花叶病

图 2-80　月季花叶病

图 2-81　马蹄莲病毒病

图 2-82　玉簪病毒病

图 2-83　山茶花病毒病

图 2-84　枸杞叶肿病

图 2-85　杜鹃叶肿病

图 2-86　桃缩叶病

图 2-87　樱桃叶肿病

枝干部、根部病害

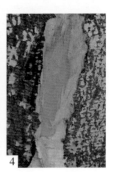

图 2-88　合欢枯萎病
1. 病株叶片　2. 病株枝干上流出的黑褐色汁液
3. 病株木质部及皮孔　4. 健康植株木质部及皮孔

图 2-89　菊花枯萎病

图 2-90　非洲菊枯萎病

图 2-91　君子兰细菌性软腐病

图 2-92　蝴蝶兰细菌性软腐病

图 2-93　仙客来细菌性软腐病

图 2-94　二月兰菌核病

图 2-95　菊花菌核病

图 2-96　葱兰菌核病

图 2-97　月季枝枯病

图 2-98　竹丛枝病

图 2-99　泡桐丛枝病

图 2-100　白玉兰立枯病

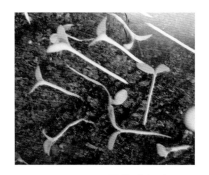

图 2-101　翠菊猝倒病

图 2-102　香樟紫纹羽病

图 2-103　兰花白绢病

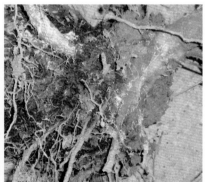

图 2-104　荚蒾白绢病

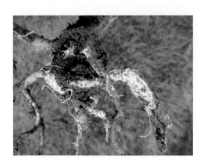

图 2-105　栀子白绢病　　　　图 2-106　茉莉花白绢病

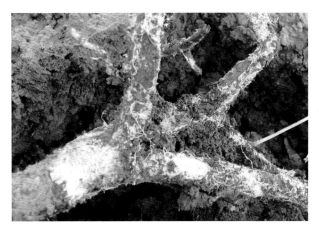

图 2-107 樱桃白绢病

图 2-108 桂花根结线虫病

图 2-109 四季海棠根结线虫病

图 2-110 李根癌病

图 2-111　月季根癌病

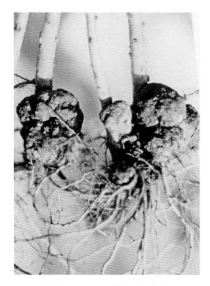

图 2-112　樱花根癌病

图 2-113　桃树根癌病

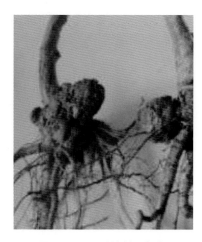

图 2-114　梨树根癌病

图2-115　桃树流胶

主要参考文献

[1] 张随榜. 园林植物保护（21世纪农业部高职高专规划教材）. 北京：中国农业出版社，2008.

[2] 程亚樵，丁世民. 园林植物病虫害防治技术. 北京：中国农业大学出版社，2007.

[3] 李传仁. 园林植物保护（高职高专十一五规划教材）. 北京：化学工业出版社，2007.

[4] 佘德松. 园林植物病虫害防治. 杭州：浙江科学技术出版社，2007.

[5] 林焕章，张能唐. 花卉病虫害防治手册. 北京：中国农业出版社，1999.

[6] 徐明慧. 花卉病虫害防治. 北京：中国农业出版社，2006.

[7] 徐公天. 园林植物病虫害防治原色图谱. 北京：中国农业出版社，2003.

[8] 邱强，李贵宝，员连国，等. 花卉病虫害原色图谱. 北京：中国建材工业出版社，1999.

[9] 金波. 园林花木病虫害识别与防治. 北京：化学工业出版社，2004.

[10] 金波，刘春. 花卉病虫害防治彩色图说. 北京：中国农业出版社，1998.

[11] 孙丹萍. 园林植物病虫害防治. 北京：中国科学技术出版社，2003.

[12] 江世宏. 园林植物病虫害防治. 重庆：重庆大学出版社，

2007.

[13] 刘乾开. 新编农药使用手册. 上海：上海科学技术出版社，1999.

[14] 吴志毅，方媛，陈曦，等. 浙江省蝴蝶兰细菌性软腐病病原鉴定. 浙江林学院学报，2010（4）：635-639.

[15] 中国植保网. http://www. zgzbao. com.

[16] 中国园林网. http://zhibao. yuanlin. com/index. aspx.

[17] 中 国 花 卉 网. http://www. china-flower. com/technic/technicinfo. asp?n_id=1503.

[18] 中国园林植保网草坪网. http://www. lawnchina. com/content. asp?id =22848.

[19] 顺德农业信息平台专家系统.

[20] 花卉园艺专家系统—花卉病害. http://jpkc. hzvtc. edu. cn/hhyyx/hhbh/show_personal. asp?id=9.

[21] 百度百科. http://baike. baidu. com.

[22] 湖南林业信息网. http://www. hnforestry. gov. cn.

[23] 中国植物图像库. http://www. plantphoto. cn.

[24] C-NC. com(中国农资交易网)

[25] http：//baike. baidu. com（百度文库）

[26] http：//www. zjamp. com. cn（浙江农资集团）

[27] http：//www. forestpest. org（中国森防信息网）

[28] http://www. sdagri. gov. cn/ServicePlam/page/expert/kc_catalog_ill. jsp?cuid=4&id=null&bc=103003&pbc=103000